BEI GRIN MACHT SICH IHR WISSEN BEZAHLT

- Wir veröffentlichen Ihre Hausarbeit, Bachelor- und Masterarbeit

- Ihr eigenes eBook und Buch - weltweit in allen wichtigen Shops

- Verdienen Sie an jedem Verkauf

Jetzt bei www.GRIN.com hochladen und kostenlos publizieren

3D-Analyse der Variationen der Zahnschmelz-Dicke an einigen Hominoiden-Zähnen, rezent und fossil

Monika Alscher
Martina Traindl-Prohazka

Bibliografische Information der Deutschen Nationalbibliothek:

Die Deutsche Nationalbibliothek verzeichnet diese Publikation in der Deutschen Nationalbibliografie; detaillierte bibliografische Daten sind im Internet über http://dnb.d-nb.de abrufbar.

ISBN: 9783346439246

Dieses Buch ist auch als E-Book erhältlich.

© GRIN Publishing GmbH
Nymphenburger Straße 86
80636 München

Alle Rechte vorbehalten

Druck und Bindung: Books on Demand GmbH, Norderstedt Germany
Gedruckt auf säurefreiem Papier aus verantwortungsvollen Quellen

Das vorliegende Werk wurde sorgfältig erarbeitet. Dennoch übernehmen Autoren und Verlag für die Richtigkeit von Angaben, Hinweisen, Links und Ratschlägen sowie eventuelle Druckfehler keine Haftung.

Das Buch bei GRIN: https://www.grin.com/document/1026252

3D-Analyse der Variationen der Zahnschmelz-Dicke an einigen Hominoiden-Zähnen, rezent und fossil

Monika Alscher[1] & Martina Traindl-Prohazka[2]

[1]Institut für Paläontologie, Universität Wien
[2]Department für Evolutionäre Anthropologie, Universität Wien

Inhaltsverzeichnis

Zusammenfassung

Die Zahnschmelz-Dicke von Molaren spielte schon immer eine wichtige Rolle in der Phylogenie, der Taxonomie, bei der Rekonstruktion der Ernährungsweise und viele Publikationen widmen sich diesen Themen. Diese Arbeit dient dazu, die Methode der 3D-Analyse aus der Literatur zu testen und diese Methode an Originalmaterial, dem *Khoratpithecus chiangmuanensis*, anzuwenden. Die Resultate dieser Studie bei diesem Exemplar zeigen, dass seine Ernährungsweise vermutlich der des heutigen Orang-Utans (*Pongo pygmaeus*) sehr ähnlich war.

Résumé

L'épaisseur d'émail molaire a toujours joué un rôle important dans la phylogénie, la taxonomie, à la reconstruction du régime alimentaire et beaucoup de publications y ont été consacrés. Ce travail consiste à tester la méthode d'analyse 3D de la littérature et d'appliquer ces méthodes sur du matériel original, le *Khoratpithecus chiangmuanensis*. Les résultats de l'étude de ce spécimen montrent que son régime alimentaire doit être proche de l'orang-outan actuel (*Pongo pygmaeus*).

Abstract

Molar enamel volume is playing an important role in phylogeny, taxonomy, and diet reconstruction, and many publications devote with these themes. This work test reliability of 3D analyzing methods from the literature and apply these methods on original material, a *Khoratpithecus chiangmuanensis* molar. The results of the study of this specimen are showing that its diet was probably close to the diet of the living orang-utan (*Pongo pygmaeus*).

Einleitung

Verschiedene Arbeiten über die Zahnschmelz-Dicke wurden bereits veröffentlicht. Das Interesse, die Zahnschmelz-Dicke zu studieren besteht darin, die Ernährungsweise und die Phylogenie der Arten zu rekonstruieren. Die Zähne von Affen, wie zum Beispiel von Gorillas oder von Schimpansen, sind analysiert, aber auch alle Arten von Hominiden, fossile und rezente. Die Ziele der vorliegenden Arbeit bestehen in der Wiederanwendbarkeit der Methode von Suwa (SUWA & KONO, 2005; SUWA et al., 2007; SUWA et al., 2009) und dem Bestimmen der Ernährungsweise einer original fossilen Form, dem in Thailand gefundenen *Khoratpithecus chiangmuanensis*.

Material und Methoden

Material

Das verglichene Material ist ein Oberkiefer-Molar (M^1) eines Gorillas (*Gorilla gorilla*), ein Oberkiefer-Molar (M^1) eines Schimpansen (*Pan troglodytes*) und der Oberkiefer-Molar (M^2) TF6169 des *Khoratpithecus chiangmuanensis*.

Die zwei Molaren der rezenten Affen, des Gorillas und des Schimpansen, entstammen aus den Sammlungen aus Poitiers, Frankreich. Die Bilder dieses Basis-Materials sind durch Mikrotomographie entstanden und wurden von F. Guy im Centre de Microtomographie von Poitiers mit einer Auflösung von 0,030 mm gescannt.

Der Molar TF6169 ist ein Teil des Materials, das in der Publikation von Y. Chaimanee (CHAIMANEE et al., 2003) erwähnt wird und wurde im Synchrotron (ESRF Grenoble) durch P. Tafforeau mit einer Auflösung von 33 µm gescannt. Man nimmt an, dass es sich beim *Khoratpithecus chiangmuanensis* um einen nahen Verwandten des Orang-Utans (*Pongo pygmaeus*) handelt (CHAIMANEE et al., 2003).

Für die Messungen wurden zwei Software-Programme verwendet: *Geomagic Studio 9* und *Avizo 6*. Die Messungen wurden mit den Daten in der Literatur verglichen.

Die zwei Software-Programme, mit denen die Messungen an den Zähnen durchgeführt wurden, sind: *Geomagic Studio 9* [Oberfläche] und *Avizo 6* [Volumen]. Um eine bessere Vergleichbarkeit mit den Publikationen in englischer Sprache zu gewährleisten, wurden die englischen Bezeichnungen und Abkürzungen beibehalten.

Messungen

<u>3D relative enamel thickness (AETSTD)</u>

Relative Zahnschmelz-Dicke 3D (AETSTD) [Oberfläche]:

AETSTD = Zahnschmelz-Volumen der Krone / Oberflächenregion der Schnittstelle des Zahnschmelz-Dentins [EDJ] (AET)

AETSTD = AET / Wurzel³ (Koronales Dentin + Volumen der Pulpa)

Für die Messungen der „3D relative enamel thickness" wurden die Bilder des Zahns per Mikrotomographie aufgenommen. Die Ausrichtung des Zahns ist parallel zu einem Maximum-Oberflächenplan. Der Zahnschmelz wird vom Dentin getrennt um die Zahnschmelz-Dicke zu errechnen, das Zahnmark ist in die Berechnungen des „coronal dentine" (= koronalen Dentins) miteinbezogen (Abb. 1). Mit dieser Methode nach Kono (KONO, 2004), sowie der Methode nach dem Modell von A.-J. Olejniczak (OLEJNICZAK et al., 2008a; 2008b; 2008c) und Gen Suwa (SUWA et al. 2009), wurden folgende Messungen vorgenommen:

- Enamel cap volume (Zahnschmelz-Volumen) in mm³ = der Zahnschmelz
- Coronal dentine (Koronales-Dentin) in mm³ = das Zahnbein
- Enamel-dentine junction (EDJ) surface area (AET) in mm² = Oberflächenregion der Schnittstelle des Zahnschmelz-Dentins

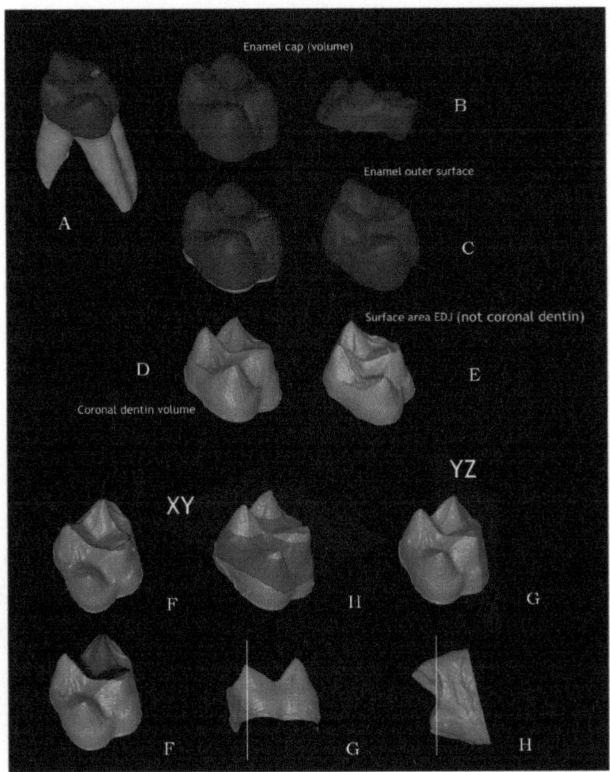

Abb. 1: Das Volumen des Zahns von *Gorilla gorilla* zeigt das von der Zahnkrone getrennte Volumen des Zahnschmelzes und das Zahnbein

A: Kompletter Zahn mit Zahnschmelz und Wurzeln; B: Zahnschmelz-Volumen; C: Occlusale Ansicht des Molars; D: Oberfläche des koronalen Dentins; E: Oberflächenregion der Schnittstelle des Zahnschmelz-Dentins (EDJ); F: Draufsicht mit markierter Region zwischen Protoconus, Hypoconus & Metaconus; G: Schnittstelle des Dentins parallel zur Oberflächenebene XY; H: Schnitt des Dentins horizontal zur Oberflächenebene YZ

Bild: F. Guy & M. Alscher; (nach KONO, 2004 und OLEJNICZAK et al., 2008a; 2008b; 2008c)

Lateral enamel thickness

Laterale Zahnschmelz-Dicke [Oberfläche]:
Dicke des Metaconus + Dicke des Hypoconus + Dicke des Paraconus + Dicke des Protoconus
/ 4 = ln [average buccal + lingual max. LET]

Um die „lateral enamel thickness" zu messen, wird jene Methode verwendet, die in der Publikation von Suwa & Kono (SUWA & KONO, 2005) beschrieben wird. Als Erstes, wird der Zahn gedreht, damit die Höcker (Paraconus / Protoconus & Metaconus / Hypoconus) parallel zur Maximum-Oberflächenebene liegen. Diese Drehung dient dazu, die Wiederanwendung der Methode von Suwa & Kono (SUWA & KONO, 2005) zu garantieren. Die Ebene wird exakt an die Spitzen der Höcker angelegt, der Schnitt ist in der Mitte dieser Ebenen um die Dicke in 3D zu messen (Abb.2).

Suwa und Kono beschreiben in ihrer Arbeit ein ‚Problem der Definition von „*radial*" (SUWA & KONO, 2005) und man müsse die Variation bei den Messungen vermeiden. Um „dieses Problem" zu vermeiden, wurden die Maße in dieser Arbeit alle auf eine Linie gelegt und zwar auf dem Niveau der Höcker der anterioren und posterioren Bereiche des Zahns (Abb. 2).

Die Resultate aller Höcker werden addiert und dann durch 4 dividiert (Mittelwert).

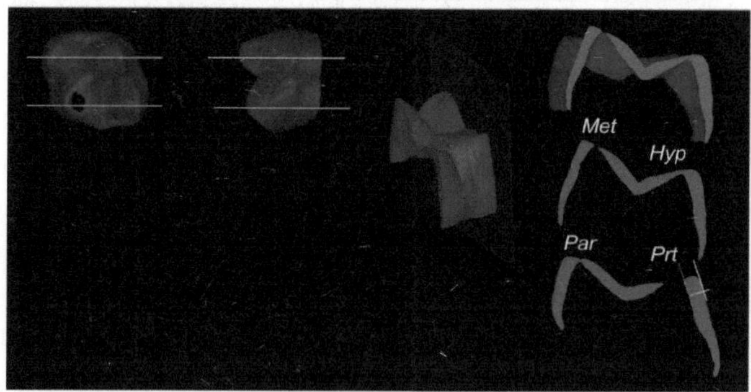

Abb. 2: Die laterale Zahnschmelz-Dicke des Zahns von Gorilla gorilla, zeigt, an welchen Punkten die Höcker des Zahns „geschnitten" wurden, sowie die buccalen und lingualen Ansichten. Met = Metaconus, Hyp = Hypoconus, Par = Paraconus, Prt = Protoconus
Bild: F. Guy & M. Alscher (nach SUWA & KONO, 2005)

<u>Crown area</u>

Region der Krone [Oberfläche]:

Dimension des Zahns = MD (Mesiodistale Länge) x BL (Buccolinguale Breite)

Region der Krone = ln [Wurzel (MD*BL)]

Der Zahn ist in occlusaler Position ausgerichtet. Die Bereiche mesiodistal (MD) und buccolingual (BL) werden gemessen (Abb. 3), dann wird das Resultat mit dem „natürlichen Logarithmus" multipliziert.

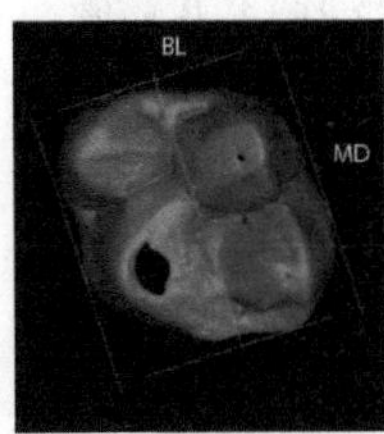

Abb. 3: Occlusale Ansicht des Zahns von Gorilla gorilla zeigt die mesiodistalen (MD) und buccolingualen (BL) Messungen

Bild: F. Guy & M. Alscher; (nach TAFFOREAU, 2004 & Benazzi et al., 2011)

<u>Crown occlusal (OESTA)</u>

Occlusale Krone (OESTA) [Volumen]:

Der Zahn ist in occlusaler Ansicht der Krone ausgerichtet und wird auf eine Ebene projiziert (Abb. 4). Mit den Messungen von „crown occlusal" und „above plane enamel volume" kann der „durability index" (Dauer-Index) (CAETOESTA) berechnet werden (SUWA et al., 2009).

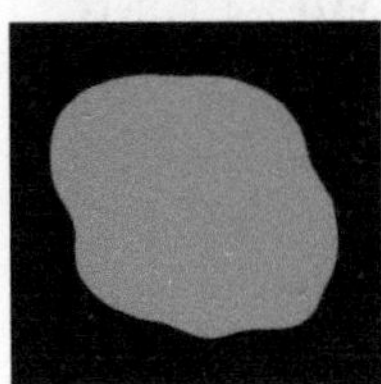

Abb. 4: Occlusale Ansicht des Zahns von *Gorilla gorilla* auf eine Ebene projiziert

Bild: F. Guy & M. Alscher; (nach TAFFOREAU, 2004, BENAZZI et al., 2011 & BENAZZI et al., 2014)

<u>Above plane enamel volume</u>

Oberes Niveau des Zahnschmelz-Volumens [Oberfläche]:

Um das „above plane volume" zu messen, braucht man das Zahnschmelz-Volumen über dem Becken des Dentins. Der Zahn ist in einer Ebene in occlusaler Ansicht ausgerichtet (Abb. 5), der untere Bereich des Dentins wird „abgeschnitten" (Abb. 5) und es bleibt nur noch der Zahnschmelz und die Schnittstelle des Zahnschmelzes.

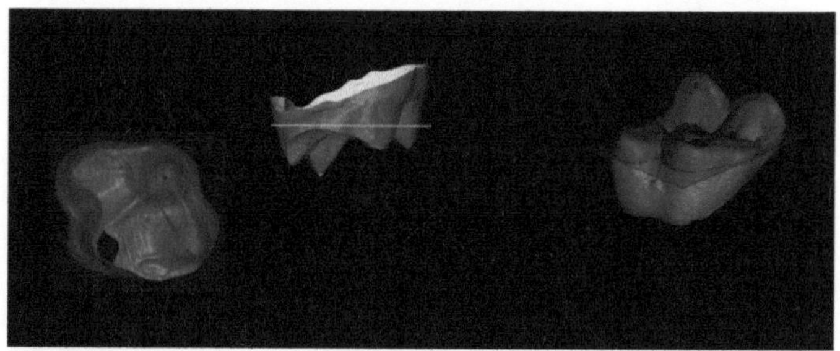

Abb. 5: Anhand des Zahns von *Gorilla gorilla*, wird gezeigt, an welcher Stelle die Wurzel vom Rest des Zahns abgeschnitten ist.

Links: Occlusale Ebene mit ausgerichtetem Zahn; Mitte: Niedrigster Punkt der Dentin Fovea;
Rechts: Zahnschmelz-Volumen über dem Dentin-Becken
Bild: F. Guy & M. Alscher; (nach Olejniczak et al., 2008a und Olejniczak et al., 2008b)

<u>Durability index</u>

Dauer-Index (CAETOESTA) [Volumen]:
CAETOESTA = Oberes Niveau des Zahnschmelz-Volumens / OESTA

Der Dauer-Index wird durch die Messungen von „crown occlusal" und „above plane enamel volume" errechnet (SUWA et al. 2009).

OAET

OAET [Volumen]:

OAET = Fovea volume / EDJ Fovea area

OAET / AET (average linear)

Occlusal vs. lateral enamel thickness (KONO & SUWA, 2008):

Für das „OAET" wird der Zahn nach einem bestimmten Protokoll gescannt, dabei wird ein „laser scanning" von mehreren Winkeln aus simuliert, um in der Folge das Dentin von der Zahnkapsel zu trennen. Indem die unterschiedlichen Bildaufnahmen übereinandergelegt werden, können das Dentin und die komplette Zahnkapsel getrennt rekonstruiert werden. Für die Zahnkapsel wurden einmal die untere und einmal die obere Hälfte rekonstruiert. Um die komplette Zahnkapsel rekonstruieren zu können, wurden die Scans des Dentins und der Zahnkapsel übereinandergelegt und mit Linien verbunden. Die nicht erfassten Bereiche wurden einfach ausgefüllt (Abb. 6). OAET wird definiert als „average enamel thickness of the occlusal fovea" (Mittelwert der Zahnschmelz-Dicke der occlusalen Fovea) (KONO & SUWA, 2008).

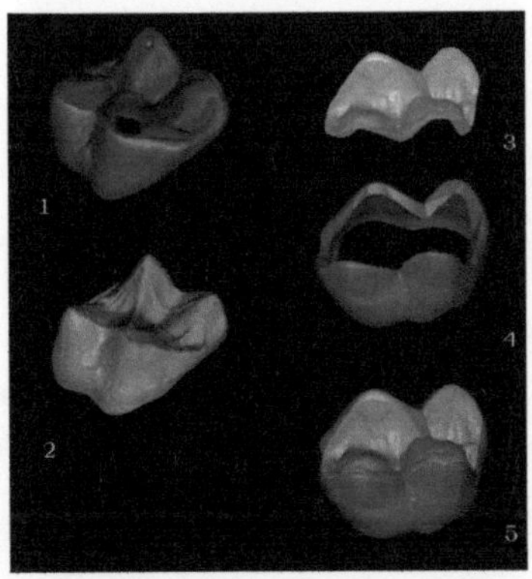

Abb. 6: Bilder des Zahns von *Gorilla gorilla* zeigen den Zahnschmelz vom Dentin getrennt (rekonstruiert).

1: Kompletter Zahn mit Zahnschmelz und Dentin; 2: Dentin des Zahns; 3: Zahnschmelz-Oberfläche; 4: Rekonstruierte Zahnkapsel; 5: Kompletter Zahn mit Zahnschmelz und Zahnkapsel rekonstruiert.

Bild: F. Guy & M. Alscher; (nach KONO & SUWA, 2008)

10

<u>Variationen der Zahnschmelz-Dicke</u>

Variation der Zahnschmelz-Dicke [Volumen]:

Die Messung der „surface distance" ist eine Methode, die von Gen Suwa (SUWA et al., 2009) angewendet hat. Für diese Methode verwendet Suwa (SUWA et al., 2009) die Bilder, die mit Mikrotomographie aufgenommen worden sind. Es existieren die occlusale Ansicht des Molaren und zwei Arten von Daten (absoluter Wert der Dicke und relativer Wert der Dicke):

- (A) Outer enamel surface (Occlusale Ansicht des Molaren).
- (B) Absolute enamel thickness (Absoluter Wert der Dicke).
- (C) Relative enamel thickness (Relativer Wert der Dicke).

Die Resultate der Messungen der Zähne dieser Arbeit werden mit den Ergebnissen der Messungen der Zähne, die von Gen Suwa (SUWA et al., 2009) erhoben wurden, verglichen. Die Bilder der Zähne in der Arbeit von Suwa (angezeigt in Tafel 'A' in Abb. 7), sind von '1' bis '8' nummeriert. In dieser Arbeit wurde die Nummerierung weitergeführt; die drei untersuchten Zähne tragen die Nummerierung '9' bis '11'.

Die untersuchten Zähne wurden mit zwei Farbcodes versehen (Abb. 8 & Abb. 9), einmal mit den absoluten Messungen, einmal mit den relativen Messungen. Der Farbcode ist bei den absoluten und relativen Messungen unterschiedlich. An den Maßstab der Variation des Zahnschmelzes von jedem Zahn angepasst, variiert der Farbcode zwischen 0 – 2,6 mm für die absoluten Messungen und zwischen 0 – 1 mm für die relativen Messungen (SUWA et al., 2009). Damit die Ergebnisse besser miteinander verglichen werden können, wurden alle in dieser Arbeit verwendeten Zähne in die gleiche Richtung gedreht und auf dieselbe Ebene gelegt wie die Zähne in der Arbeit von Suwa (SUWA et al., 2009).

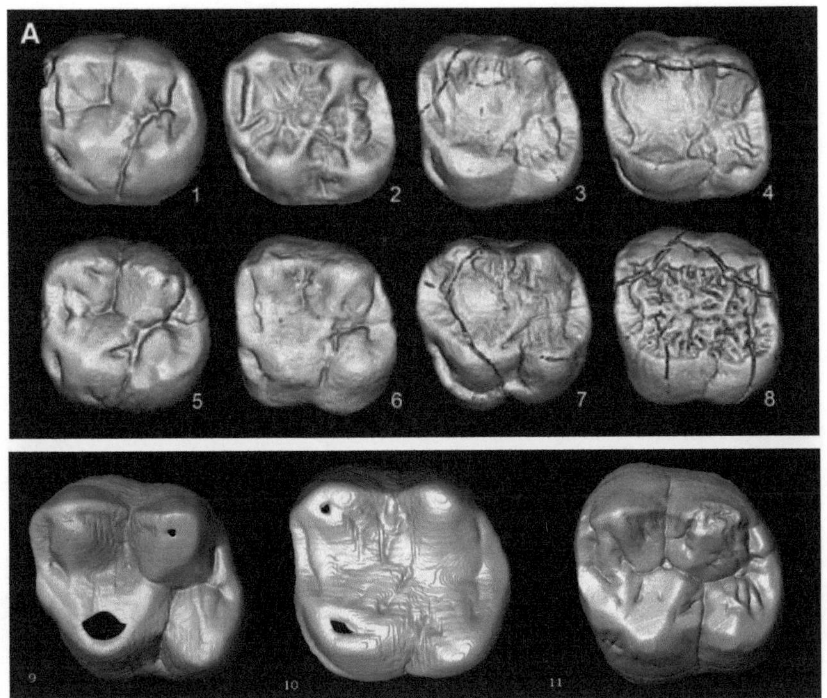

Abb. 7: Occlusale Ansicht der Molaren von Großaffen.

Oben, 1 bis 8: Vergleich mit der Tafel von Suwa (outer enamel surface), (SUWA et al., 2009).

Unten, 9 bis 11: Zähne von Großaffen, die in dieser Arbeit verwendet wurden

Bilder: F. Guy & M. Alscher

1: *Au. africanus*, 2: *Dryopithecus brancoi*, 3: *Pan troglodytes*, 4: *Pan panicus*, 5: *Au. africanus*, 6: *Ar. ramidus*, 7: *Gorilla gorilla*, 8: *Pongo pygmaeus*, 9: *Gorilla gorilla*, 10: *Pan troglodytes*, 11: *Khoratpithecus chiangmuanensis*.

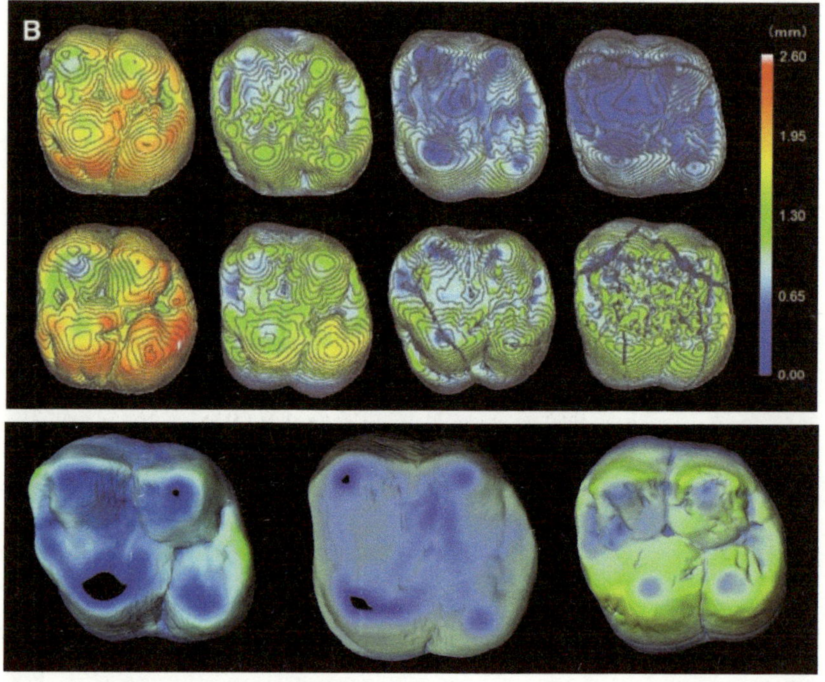

Abb. 8: Absolute Messungen. Legende vgl. Abb. 7.

Bilder: F. Guy & M. Alscher

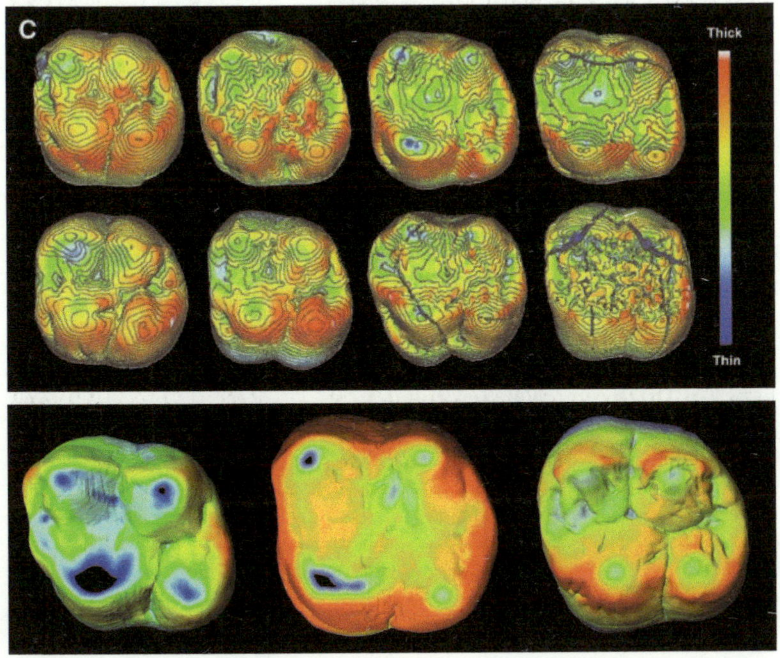

Abb. 9: Relative Messungen. Legende vgl. Abb. 7.

Bilder: F. Guy & M. Alscher

Tab. 1:

	Gorilla	Pan	Khoratpithecus
3D relative enamel thickness (AETSTD)			
Enamel cap volume (mm³)	281,02	178,44	223,57
Coronal dentine (mm³)	645,29	290,97	469,28
EDJ surface area (AET)	0,90	0,85	0,94
(AETSTD) =	10,46	12,77	12,15
Lateral enamel thickness			
Lateral enamel thickness: Protoconus	1,13	1,13	1,51
Lateral enamel thickness: Paraconus	1,06	1,10	1,29
Lateral enamel thickness: Metaconus	1,06	1,04	1,43
Lateral enamel thickness: Hypoconus	1,26	1,04	1,37
=>	1,13	1,08	1,40
Dimension des Zahns			
MD (mm)	14,30	11,19	12,99 (12,64)
BL (mm)	13,75	11,44	13,54 (13,48)
=> Crown area = MD x BL	2,62	2,44	2,61
Crown occlusal view (OESTA (mm²))	152,62	109,18	138,76
Durability index (CAETOESTA)	1,11	0,90	1,04
EDJ surface area (mm²)	310,92	210,84	236,70
Volume enamel above plane (mm³)	169,62	98,33	144,35 (159,53)
EDJ fovea surface (mm³)	104,40	64,38	70,83
Fovea volume (mm³)	88,75	49,40	77,61
OAET	0,85	0,77	1,10
Average linear	0,94	0,91	1,16

Dimension des Zahns:

Um die „crown area" der „Dimension des Zahns" des *Khoratpithecus* zu berechnen, werden zwei Messungen verwendet: mesiodistal (MD) und buccolingual (BL). Hierfür werden zwei Maße verwendet.

Für die mesiodistalen Messungen: die 12,64 mm wurden aus der Literatur entnommen (CHAIMANEE et al., 2003). Die 12,99 mm wurden von den Autoren dieser Arbeit gemessen.
Für die buccolingualen Messungen: die 13,48 mm aus der Literatur entnommen (CHAIMANEE et al., 2003). Die 13,54 mm wurden von den Autoren dieser Arbeit gemessen.

Die Messungen des „volume enamel above plane" des *Khoratpithecus* wurden zweimal durchgeführt: 144,35 mm³ und 159,53 mm³. Die Messungen wurden zweimal gemacht, da sie aus zwei unterschiedlichen Richtungen genommen wurden.

Für die folgenden Resultate wurden die Abbildungen aus der Arbeit von Suwa (SUWA et al., 2009) verwendet. Die Resultate des Zahns des *Khoratpithecus* (TF6169) sind durch ein rotes Kreuz markiert.

Die Resultate der „3D relative enamel thickness" (AETSTD) korrelieren gut mit den Resultaten von Gen Suwa (SUWA et al., 2009) (Abb. 10). Sowohl die Ergebnisse des Gorilla-Zahns als auch des Schimpansen-Zahns entsprechen jenen, die Suwa publiziert hat (SUWA et al., 2009). Das Ergebnis der Messungen des *Khoratpithecus* entspricht dem des Orang-Utans (*Pongo*).

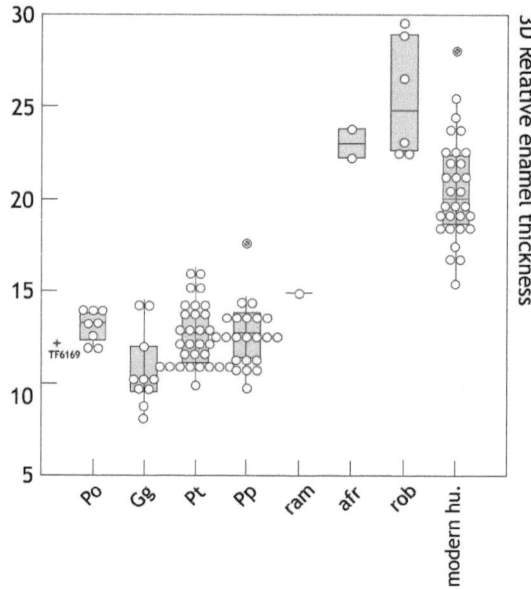

Abb. 10: 3D Relative enamel thickness: Die Y-Achse zeigt die Resultate der „3D relative enamel thickness", die horizontale Linie in den Boxen ist die Mediane, die Kreise zeigen die verschiedenen Messvariationen (nach SUWA et al., 2009).

Bild: F. Guy

<u>Lateral enamel thickness</u>

Es sind keine Ergebnisse des Gorillas auf der Abbildung der „Lateral enamel thickness" von Suwa (SUWA et al., 2009) enthalten. Die Resultate des Schimpansen korrelieren mit den Resultaten, die Suwa (SUWA et al., 2009) erhoben hat. Das Ergebnis des *Khoratpithecus* ist jenem des Orang-Utans bei Suwa sehr ähnlich und ist auch beinahe auf der Höhe des Medians von *Pongo* (SUWA et al., 2009) (Abb. 11).

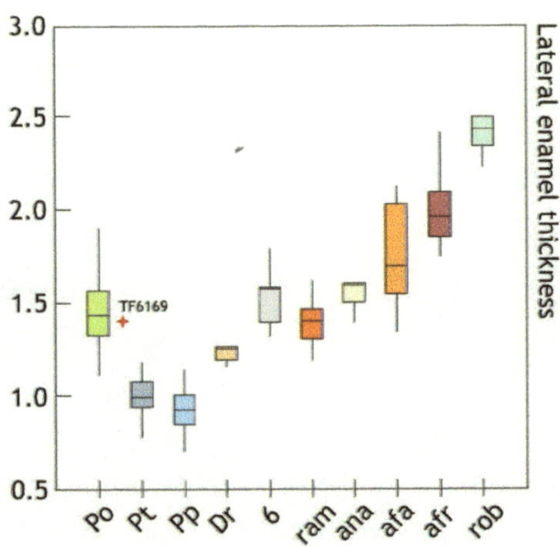

Abb. 11: Maximum der „Lateral enamel thickness". Legende vgl. Abb. 10. Die horizontale Linie ist der Median (nach SUWA et al., 2009).
Bild: F. Guy

<u>Lateral enamel thickness vs. crown area</u>

Die Resultate der Zähne des Gorillas und des Schimpansen entsprechen erneut den Ergebnissen von Gen Suwa (SUWA et al., 2009). Das Resultat des *Khoratpithecus* ist im Zentrum der Resultate des Orang-Utans angesiedelt (Abb. 12).

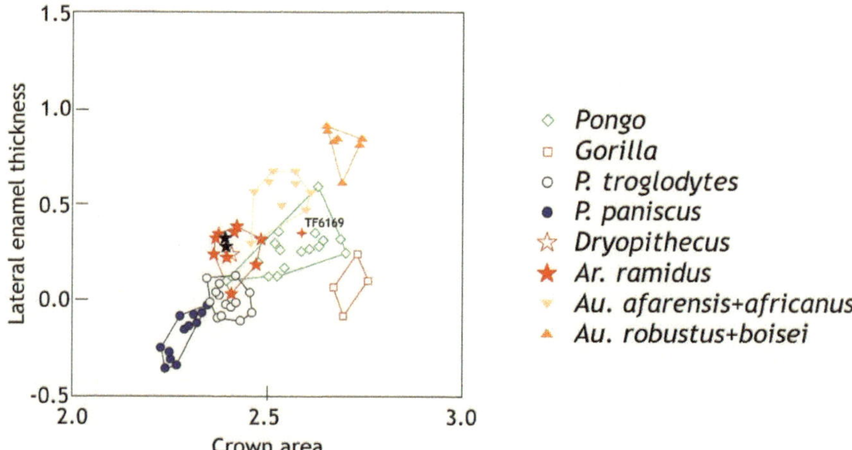

Abb. 12: „Lateral enamel thickness" vs. Quadratwurzel der „crown area". Die X-Achse ist die errechnete Quadratwurzel der „crown area" (MD*BL) (nach SUWA et al., 2009).
Bild: F. Guy

<u>Molar durability index vs. occlusal view crown area</u>

Die Resultate der Zähne des Gorillas und des Schimpansen sind wieder denen, die Gen Suwa (SUWA et al. 2009) erhoben hat, ähnlich. Für die Ergebnisse der „Molar durability" vs. „occlusal view crown area", wurden zwei Messungen der „crown area" des *Khoratpithecus* vorgenommen: eine durch Yaowalak Chaimanee (CHAIMANEE, 2003), die zweite durch die Autoren dieser Arbeit. Die Resultate der Messungen des *Khoratpithecus*, die durch Chaimanee und durch die Autoren dieser Arbeit durchgeführt wurden, sind beinahe identisch. Die von Suwa erhobenen Daten des *Pongo* sind ebenfalls denen des *Khoratpithecus* ähnlich, obwohl der „durability index" beim Orang-Utan weniger wichtig ist. (Abb. 13).

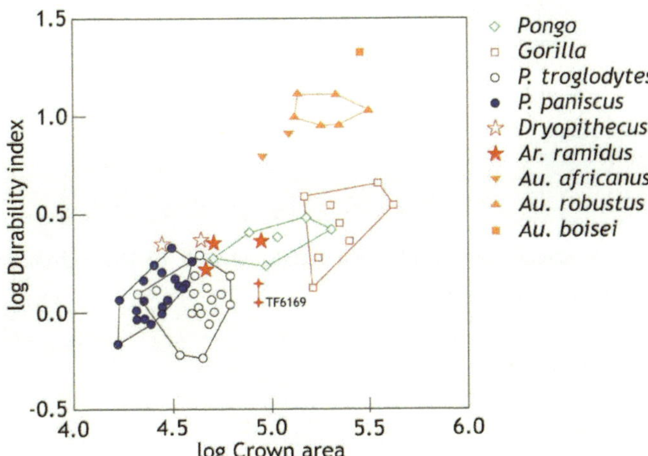

Abb. 13: „Molar durability" vs. „occlusal view crown area" (nach SUWA et al., 2009)
Bild: F. Guy

Die Resultate für „OAET" der Zähne des Gorillas und des Schimpansen korrelieren sehr gut mit denen von Suwa (SUWA et al., 2009). Nur das Resultat des *Khoratpithecus* ist von dem des Orang-Utans sehr abweichend. (Abb. 14).

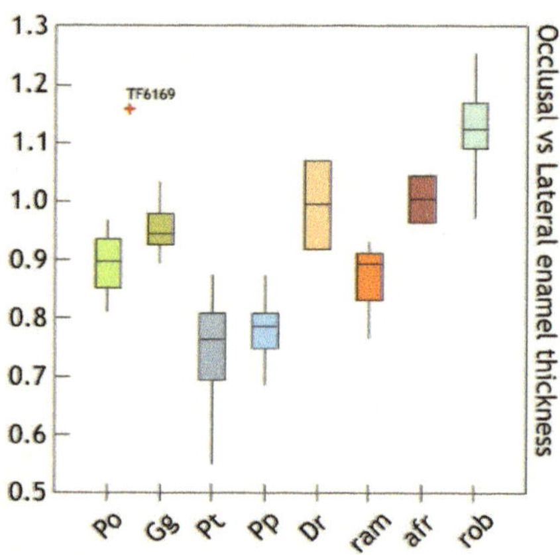

Abb. 14: Occlusal vs. lateral enamel thickness. Legende vgl. Abb. 10. Die horizontale Linie ist der Median (nach SUWA et al., 2009).

Bild: F. Guy

Der Gorilla-Zahn, der in dieser Arbeit verwendet wurde, unterscheidet sich ein wenig von jenem aus der Arbeit von Suwa (SUWA et al., 2009). Der Zahn des Gorillas in dieser Arbeit ist mehr usiert, weshalb der occlusale Zahnschmelz viel dünner wirkt als der des Gorilla-Zahns bei Suwa (SUWA et al., 2009) (Abb.7).

Die zwei Arten des Schimpansen haben bei ihren Zähnen ein „Becken" zwischen den Höckern und der occlusale Zahnschmelz ist dünn (nach SUWA et al., 2009). Sowohl die absoluten als auch die relativen Messungen zeigen eine große Ähnlichkeit zwischen den Schimpansen-Zähnen die Suwa verwendet hat und dem Schimpansen-Zahn, der in dieser Arbeit verwendet wurde (SUWA et al., 2009) (Abb. 8).

Beim Vergleich des Zahns des *Khoratpithecus* mit dem Zahn des Orang-Utans von Suwa (SUWA et al., 2009) sind Ähnlichkeiten zwischen den beiden Zähnen erkennbar. Die lateralen Bereiche und der occlusale Bereich der zwei Zähne sind auf dieselbe Weise usiert. Bei beiden Arten sind die Höcker sowie die vorderen und die hinteren Bereiche auf der occlusalen Fläche etwas weniger dick als der Rest des Zahns, der bei 1,30 mm liegt. Daher liegt der Zahn in der Mitte zwischen den „dicken" und den „weniger dicken" Zähnen (Abb. 9).

Diskussion

Der Zahnschmelz des Zahns, vom Menschen wie auch vom Affen, wurde in vielen Arbeiten und Publikationen erforscht, um Hypothesen über die Ernährungsgewohnheiten der verschiedenen Arten aufstellen zu können. Nach den Resultaten dieser Arbeiten, kann man den Zahnschmelz zwischen verschiedenen Spezies vergleichen und dies gibt uns Auskunft über die Ernährungsweise der verschiedenen Arten.

„Der Gorilla (*Gorilla gorilla*) hat den dünnsten Zahnschmelz, der Schimpanse (*Pan troglodytes* und *Pan panicus*) mehr als der Gorilla, aber weniger als der Orang-Utan (*Pongo pygmaeus*) und der Orang-Utan weniger als der Mensch (*Homo*)" (OLEJNICZAK, 2008a).

Die die Ernährungsweise ist wie folgt:

- Gorilla (*Gorilla gorilla*): folivor (KONO, 2004)
- Schimpanse und Bonobo (*Pan troglodytes* und *Pan panicus*): frugivor (KONO & SUWA, 2008).
- Orang-Utan (*Pongo pygmaeus*): frugivor, mit Anpassung an Hartfrüchte (KONO, 2004; KONO & SUWA, 2008).

Die verschiedenen Messmethoden, die in dieser Arbeit verwendet wurden „funktionieren", und man erhält die gleichen Messresultate bei *Gorilla* und bei *Pan*. Sie konnten daher beim *Khoratpithecus* angewendet werden, mit dem Ziel des Vergleichs der bekannten Ernährungsweisen bei den rezenten Formen und der Zahnschmelz-Dicke.

Die Resultate der verschiedenen Messungen zeigen alle, dass der *Khoratpithecus* den Messresultaten des *Pongo* ähnlich ist. Nur bei der Messung des OAET (Occlusal vs. lateral enamel thickness), weicht das Ergebnis sehr weit von dem des *Pongo* ab.

Die Ähnlichkeit der Usierungen der beiden Zähne, der des *Khoratpithecus* und der des *Pongo*, zeigen, dass die Ernährungswese der zwei Arten sehr ähnlich gewesen sein dürfte. Das geschätzte Alter des *Khoratpithecus* durch Chaimanee (CHAIMANEE et al., 2003) liegt zwischen 13,5 – 10 Ma. Das abweichende Resultat des OAET könnte zwischen *Khoratpithecus* und *Pongo* evolutionsbedingt sein.

Der *Khoratpithecus* war vermutlich, wie *Pongo*, ein frugivor mit einer Anpassung an Hartfrüchte. Falls der *Khoratpithecus* mit dem Orang-Utan verwandt ist (CHAIMANEE et al., 2003), bedeutet das, dass die frühen Formen des *Pongo* bereits eine Ernährungsweise hatten, die der, der rezenten Formen ähnelt.

Conclusio

Diese Arbeit sollte vor allem die Wiederanwendung der Methode die Gen Suwa (SUWA et al., 2009) verwendet, testen. Die anderen Methoden, die in dieser Arbeit verwendet wurden, korrelieren nicht nur mit der Arbeit von Suwa (SUWA et al., 2009), sondern auch mit den erhaltenen Resultaten für die Zähne des Gorillas und des Schimpansen. Sie konnten daher beim *Khoratpithecus* angewendet werden.

Mit dieser Basis, zeigen die Resultate des *Khoratpithecus chiangmuanensis* verglichen mit denen des *Pongo*, dass die zwei Arten vermutlich eine ähnliche Ernährungsweise hatten. Dass das Variationsschema mit der Zahnschmelz-Dicke vergleichbar ist, spricht ebenfalls für eine enge phylogenetische Relation.

24

Danksagungen

Wir danken Paul Tafforeau für den Scan des Zahns des *Khoratpithecus* TF6169, mit dem diese Arbeit erstellt werden konnte. Ebenfalls danken wir Jean-Jacques Jaeger und Yaowalak Chaimanee für die Erlaubnis der Verwendung des Zahns TF6169. Wir danken Franck Guy für die Erlaubnis der Verwendung der Bilder des Gorillas und des Schimpansen aus der Sammlung aus Poitiers.

Abbildungsverzeichnis

NB: Die Abbildungen, die *Gorilla gorilla*, *Pongo pygmaeus* und *Khoratpithecus chiangmuanensis* betreffen, wurden von F. Guy bzw. in Kooperation von F. Guy und M. Alscher erstellt und von F. Guy zur Verfügung gestellt.

Literatur

Benazzi S., Fornai C., Bayle P., Coquerelle M., Kullmer O., Mallegni F., Weber G., 2011. Comparison of dental measurement systems for taxonomic assignment of Neanderthal and modern human lower second deciduous molars. Journal of Human Evolution **61**, 320-326 DOI: 10.1016/j.hevol.2011.04.008

Benazzi S., Panetta D., Fornai C., Toussaint M., Gruppioni G., Hublin J.-J., 2014. Technical Note: Guidelines for the Digital Computation of 2D and 3D Enamel Thickness in Hominoid Teeth. American Journal of Physical Anthropology **153**, 305-313

Chaimanee Y., Jolly D., Benammi M., Tafforeau P., Duzer D., Moussa I., Jaeger J.-J., 2003. A Middle Miocene hominoid from Thailand and orangutan origins. *Nature* **422**, 61-64.

Kono, R. T., 2004. Molar enamel thickness and distribution patterns in extant great apes and humans: new insights based on 3-dimensional whole crown perspective. *Anthropol. Sci.* **112**, 121-146.

Kono, R. T. & Suwa, G., 2008. Enamel Distribution Patterns of Extant Human and Hominoid Molars: Occlusal versus lateral enamel thickness. *Bull. Natl. Mus. Nat. Sci. Ser. D*, **34** pp. 1-9.

Olejniczak A. J., Tafforeau P., Feeney R. N. M., Martin L. B., 2008*a*. Three-dimensional primate molar enamel thickness. *J. Hum. Evol.* **54**, 187-195.

Olejniczak A. J., Smith T. M., Feeney R. N. M., Macchiarelli R., Mazurier A., Bondioli L., Rosas A., Fortea J., de la Rasilla M., Garcia-Tabernero A., Radovčić J., Skinner M. M., Toussaint M., Hublin J.-J., 2008b. Dental tissue proportions and enamel thickness in Neandertal and modern human molars. *J. Hum. Evol.* **55**, 12-23.

Olejniczak, A. J., Smith T. M., Skinner M. M., Grine F. E., Feeney R. N. M., Thackeray J. F., Hublin J.-J., 2008*c*. Three-dimensional molar enamel distribution and thickness in *Australopithecus* and *Paranthropus*. *Biology Letters*, **4**, 406-410.

Suwa, G. & Kono, R. T., 2005. A micro-CT based study of linear enamel thickness in the mesial cusp section of human molars: reevaluation of methodology and assessment of within-tooth, serial, and individual variation. *Anthropol. Sci.* **113**, 273-289.

Suwa, G., Kono, R. T., Katoh, S., Asfaw, B., Beyene, Y., 2007. A new species of great ape from the late Miocene epoch in Ethiopia. *Nature* **448**, 921 – 924.

Suwa, G., Kono, R. T., Simpson, S. W., Asfaw, B., Lovejoy, C. O., White, T. D., 2009 Paleobiological Implications of the Ardipithecus ramidus Dentition. *Science* **326**, 69.

Tafforeau P., 2004. Aspects phylogénétiques et fonctionnels de la microstructure de l'émail dentaire et de la structure tridimensionnelle des molaires chez les primates fossiles et actuels, apports de la microtomographie à rayonnement X synchrotron. Ph.D. Dissertation, Université de Montpellier II.

# BEI GRIN MACHT SICH IHR WISSEN BEZAHLT

- Wir veröffentlichen Ihre Hausarbeit, Bachelor- und Masterarbeit

- Ihr eigenes eBook und Buch - weltweit in allen wichtigen Shops

- Verdienen Sie an jedem Verkauf

Jetzt bei www.GRIN.com hochladen und kostenlos publizieren